Reinaldo Hanoi Valdes Reinoso
Bertha Rita Castillo Edua

Propuesta de medidas para mitigar daños

Reinaldo Hanoi Valdes Reinoso
Bertha Rita Castillo Edua

Propuesta de medidas para mitigar daños

Por encharcamiento en plantaciones de olivo en la granja "Olive Land Farms"

Editorial Académica Española

Imprint

Cover image: www.ingimage.com

Publisher:
Editorial Académica Española
is a trademark of
Dodo Books Indian Ocean Ltd. and OmniScriptum S.R.L publishing group

120 High Road, East Finchley, London, N2 9ED, United Kingdom
Str. Armeneasca 28/1, office 1, Chisinau MD-2012, Republic of Moldova, Europe
Printed at: see last page
ISBN: 978-613-9-40585-5

PROPUESTA DE MEDIDAS PARA MITIGAR DAÑOS POR ENCHARCAMIENTO EN PLANTACIONES DE OLIVO EN LA GRANJA" OLIVE LAND FARMS"

Autores

Dr. C. Reinaldo Hanoi Valdes Reinoso [1]

Dr. C. Bertha Rita Castillo Edua[2]

[1]Doctor en Ciencias Forestales. Colaborador del Proyecto 8470. Hastings La Florida ORCID reyvr1806@gmail.com (ORCID 0000-0003-3582-0239)

[2]Doctora en Ciencias Forestales. Facultad de Ciencias Forestales. Universidad de Pinar del Río "Hermanos Saiz Montes de Oca". Cuba. castillobertharita@gmail.com (ORCID 0000-0002-8011-0175)

Pensamiento

*"La paz comienza con una sonrisa y se consolida con un **ramo de olivo** ...*

símbolo de paz, sabiduría y longevidad "

Agradecimientos

A todos los que contribuyeron a este logro:

Muchas Gracias

Dedicatoria

A nuestros hijos

RESUMEN

El cultivo de olivo ha demostrado resistencia a cambios en algunas variables climáticas, es capaz de obtener producciones satisfactorias en circunstancias edafoclimáticas, paisajísticas y de manejo relativamente adversas. La presente investigación tiene el propósito de proponer medidas para el manejo del olivo en condiciones de encharcamiento en “Olive Land Farms” ubicada en el estado La Florida. Para la toma datos se aplicó un diagnóstico del área objeto de estudio con el propósito de identificar el estado actual del olivar en áreas con encharcamiento. Se realizó un diagnóstico para analizar la situación de la plantación teniendo en las variables, variedad, estado de la planta y altura. Para determinar la relación de la variedad sobre el estado de la planta se realizó un análisis de Chi^2, y variedad - altura de las plantas se realizó un análisis de varianza de un factor. Las diferencias estadísticas entre medias se identificaron mediante la prueba PostHoc de Tukey ($p<0.05$). El resultado del diagnóstico reveló que existe afectación provocada por el período de encharcamiento al que estaban sometidas las plantas y que no existe relación entre las variedades y estado de las plantas, pero si se observó relación con respecto a la altura y la variedad. Se propusieron medidas como la creación de sistemas de drenaje, ejecución de labores culturales adecuadas, selección de especies y variedades con mayor resistencia a las inundaciones y mantenimiento de un buen estado fitosanitario de las plantaciones, así como, la creación de zonas de inundación temporal controlada y el control de enfermedades.

Palabras clave: Olivo, condiciones edafoclimáticas, encharcamiento, cambio climático.

ABSTRACT

The olive tree crop has demonstrated resistance to changes in some climatic variables, it is capable of obtaining satisfactory production in relatively adverse edaphoclimatic, landscape and management circumstances. The purpose of this research is to propose measures for the management of olive trees in waterlogging conditions in "Olive land farms" located in the state of La Florida. For data collection, a diagnosis of the area under study was applied with the purpose of identifying the current state of the olive grove, subjected to periods of waterlogging. A diagnosis of the area was carried out to analyze the waterlogging situation in the plantation, was variables analyzed were variety, plant condition and height. To determine the relationship of the variety on the state of the plant, a Chi^2 analysis was carried out, and variety - plant height, a one-factor analysis of variance was carried out. Statistical differences between means were identified using Tukey's PostHoc test ($p<0.05$). The result of the diagnosis revealed that there is affectation caused by the period of waterlogging to which the plants were subjected and that there is no relationship between the varieties and state of the plants, but a relationship was observed with respect to height and variety. Measures were proposed such as the creation of drainage systems, execution of appropriate cultural work, selection of species and varieties with gr ter resistance to flooding and maintenance of a good phytosanitary state of the plantations, as well as the creation of controlled temporary flooding zones and disease control.

Keywords: Olive tree, edaphoclimatic conditions, waterlogging, climate change.

ÍNDICE

INTRODUCCIÓN 1

Desarrollo 4

2.1. Impactos del Cambio Climático en la producción de olivos 4

2.2. Drenaje de terrenos encharcados 6

Estrategias para mejorar el drenaje en el terreno 8

Implementación de un sistema de drenaje eficaz. 9

1. Identificar las zonas problemáticas 9

2. Elegir el tipo de drenaje adecuado 9

3. Preparar el terreno 9

4. Instalar el sistema de drenaje 10

5. Realizar pruebas y ajustes 10

2.3. El Olivo. Sus características 10

2.4. Características del olivo 12

2.5. Etimología 13

2.6. Hábitat y distribución del olivo 13

2.7. Propiedades de las olivas/aceitunas 13

2.8. Usos del olivo. 15

2.9. Enfermedades del olivo y su tratamiento natural 15

2.9. Variedades de olivo que se cultivan en "Olive Land Farms" 17

2.9.1. Arbequina 18

2.9.2. Arbosana 19

2.9.3. Ascolana 21

2.9.4. Kalamata 23

2.9.5. Koroneiki 24

2.9.6. Manzanilla 25

2.9.7. Olivo Picual 26

2.9.8. Taggiasca 29

Metodología 31

3.1. Metodología utilizada 32

Resultados y discusión 33

4.1. Propuesta de medidas para mitigar los daños provocados por encharcamiento en los cultivos 38

CONCLUSIONES 43

Referencias bibliográficas 44

ÍNDICE DE FIGURAS

Figura 1 Terreno encharcado Fuente: Elaboración propia 5
Figura 2 Árbol de olivo Fuente: aceitedeoliva.com 10
Figura 3 Variedades de olivo que se cultivan en Olive Land Farms 18
Figura 4 Arbequina en etapa de vivero. 18
Figura 5 Olea europea var. Arbosana 20
Figura 6 Olea europaea var. Ascolana 22
Figura 7 Olea europaea var. Kalamata 23
Figura 8 Olea europea var. Koroneiki. 24
Figura 9 Olea europea var. Manzanilla 26
Figura 10 Olea europea var. Picual 27
Figura 11 Olea europea var. Taggiasca 29
Figura 12 Localización geográfica del área de estudio 31
Figura 13 Área con encharcamiento 33
Figura 14 Plantación de Olea europeae var. Arbequina en suelos encharcados. 33
Figura 15 Plantación de Olea europeae var. Arbequina con amarillamiento 34
Figura 16 Sistemas de drenaje (Zanjas). 40

INTRODUCCIÓN

El cambio climático es un desafío global que afecta a todo el planeta y comprender cómo adaptar los cultivos, como el olivar, es crucial para garantizar la sostenibilidad y la seguridad alimentaria.

El olivo es cultivado en muchos lugares del mundo, de los cuales la cuenca mediterránea ocupa un 98% de la superficie total, 1,2% en el continente americano, 0,4% en Asia Oriental y otros 0,4% en Oceanía (Camacho, 2019). En total se distribuye en más de 11 millones de hectáreas (0,25% del total de las tierras cultivadas y el 25% del total de los cultivos permanentes) que suponen una producción media anual de entre 2,5 y 3 millones de toneladas. De ellas la mayoría es secano (70%) y extensivo (72%), el 28% restante tiene algún tipo de intensificación (intensivo y superintensivo). Además de ello, la mayoría es para elaboración de aceite de oliva 87% y tan solo el 13% para aceituna de mesa. Destaca la cada vez más incipiente superficie de olivar ecológico.

La estructura del sistema radical varía de acuerdo al tipo de propagación del material. Las plantas de semilla presentan una raíz pivotante en los primeros estadios de desarrollo (Guerrero, 2003); sin embargo, en plantaciones comerciales la mayor parte de los árboles se obtienen por enraizamiento de estacas. La profundidad, extensión lateral y grado de ramificación dependen del tipo y características del suelo, entre ellas, contenido hídrico y capacidad de aireación. Las raíces demandan una cantidad de oxigeno mucho mayor, oxigeno que a veces no pueden encontrar debido si el suelo está encharcado (Barranco *et al.*, 2008).

El olivo sigue siendo una especie de gran interés en todo el mundo porque es el cultivo de árboles oleaginosos más importante desde el punto de vista económico en las zonas templadas (Díez *et al.*, 2016).

En Estados Unidos, La Florida puede ser la próxima región agrícola para la producción comercial de aceitunas a pequeña escala, seguido de California que cuenta con más de 30.000 acres dedicados a producir la materia prima. Durante los últimos años, se plantaron 25 cultivares de olivos comerciales en 30 sitios de investigación y huertos privados en toda Florida, en esta región las respuestas de las aceitunas a las condiciones climáticas son necesarias para desarrollar la industria local (Ross, 2023).

Reconocida es la capacidad de supervivencia que presenta el olivo frente a períodos prolongados de sequía, situación habitual en el área mediterránea. Sin embargo, cuando recibe cantidad y calidad de agua adecuadas, los rendimientos de producción de fruta se incrementan considerablemente (Domenech, 2020).

El olivo es un cultivo de clima mediterráneo, caracterizado por un bajo régimen precipitaciones que se reparten irregularmente en tiempo e intensidad (Barranco et al., 2017, Lorite *et al*; 2019). Por ello, la escasez de agua es el principal factor limitante de la productividad del olivar. Paradójicamente, el agua también causa serios perjuicios cuando acontece persistentemente o con fuerte intensidad, hechos estos que suceden con relativa frecuencia, como es el caso del Estado La Florida, donde se producen intensas lluvias como consecuencias del cambio climático, que conllevan a intensos períodos de encharcamiento en los suelos de la región.

El encharcamiento es provocado por las inundaciones que son desbordamientos de agua temporales hacia terrenos que normalmente están secos. Son el tipo de desastre natural más común en los Estados Unidos, producen importantes pérdidas de nutrientes hidrosolubles y dificultan la absorción de algunos minerales desde el suelo. Además, la falta de oxígeno resulta muy perjudicial para la población microbiana (y aeróbica) del suelo (Salgado *et al*; 2019).

El mismo autor refiere que el primer síntoma de daños por anegación es el cierre de las estomas, que termina desembocando en el marchitamiento de la planta. El cierre estomático lleva implícito el que la planta deja de transpirar y de realizar la fotosíntesis (o respirar), lo que impide que pueda movilizar nutrientes, generarlos o termo-regularse.

Por eso, las plantas sometidas a hipoxia pueden presentar algunos o varios de estos síntomas: marchitamiento, pérdida de hojas, disminución del crecimiento, clorosis foliar, senescencia y muerte de la planta (Salgado *et al*, 2019).

Se ha comprobado que el olivo es sensible al encharcamiento y temperaturas inferiores a -10oC (Camacho, 2019). El daño que produce una inundación sobre los cultivos es siempre proporcional al tiempo de permanencia del agua en la parcela cultivada, pero la resistencia del cultivo varía en función de varios criterios como la especie, la edad de la planta; estado fisiológico y la frecuencia de las inundaciones (a mayor frecuencia mayor daño, por acumulación de efectos). La variabilidad de la humedad del suelo afecta directamente el crecimiento de las plantas, con una baja absorción de agua se reduce también la absorción de nutrientes y el cultivo lo expresa en una menor tasa de crecimiento y por ende menor rendimiento.

Para mejorar las condiciones del suelo ante el riesgo de inundación, se pueden llevar a cabo acciones como la creación de sistemas de drenaje, ejecución de labores culturales adecuadas, creación de bandas naturales de protección al lado del cauce, reordenación y rotación de cultivos, selección de especies y variedades con mayor resistencia a las inundaciones y mantenimiento de un buen estado fitosanitario de las plantaciones, así como, creación de áreas de inundación controlada (Salgado *et al,* 2019).

En Hastings ubicado en el estado La Florida, en el periodo comprendido desde agosto de 2023 hasta enero de 2024 se han producido numerosas inundaciones provocadas por las intensas lluvias que han dejado el suelo anegado en agua, siendo el encharcamiento uno de los daños que más afectan el cultivo del olivo.

La presente investigación tiene el propósito de proponer medidas que contribuyan a la mitigación de daños provocados por el encharcamiento, en plantaciones de olivo de la granja “Olive Land Farms” ubicada en el estado La Florida.

DESARROLLO

2.1. Impactos del Cambio Climático en la producción de olivos

El cambio climático está afectando la disponibilidad de agua. Los patrones erráticos de lluvia y las temperaturas más altas pueden provocar sequías o inundaciones, y ambas condiciones pueden ser devastadoras para la agricultura. Los estudios científicos han documentado los efectos positivos del olivar en el medio ambiente.

Además del papel que juega el olivo en la salvaguardia de la biodiversidad, la mejora del suelo y como barrera a la desertificación, existen evidencias de que prácticas agrícolas específicas tienen la capacidad de incrementar el CO_2 atmosférico fijado en estructuras vegetativas permanentes (biomasa) y en el suelo (Granitto, 2016).

En publicaciones parciales del Sexto Informe del Grupo Intergubernamental de Expertos sobre el Cambio Climático (IPCC) de agosto de 2021 se advierte sobre la situación climática que se está agravando, por las recientes inundaciones en varios países del mundo y los conocidos episodios de lluvias torrenciales, el cambio climático tiene mucho que ver con este fenómeno que se manifiesta en eventos extremos, como es el cambio en el patrón de lluvias, el aumento de la temperatura y sequías prolongadas que influyen en la seguridad alimentaria. El anegamiento afecta la agricultura reduciendo la calidad de los suelos y la productividad de muchos cultivos (Fisher, 2021)

Las predicciones en el cambio de patrón e intensidad de las lluvias pronostican inundaciones en varias partes del mundo, para el caso de los Andes especialmente en la parte norte y con más frecuencia en la altitud, mientras en los terrenos bajos y en el sur de Sudamérica se reducirán. Sumando a esto, se estima que el 13% de las tierras de América Latina se caracterizan por un drenaje deficiente debido a su fisiografía que propicia la inundación.

El mayor peligro lo tienen las plantaciones cercanas a los ríos que no sólo dependen del cambio climático sino también de la ocurrencia de factores ambientales como lluvias intensas, tormentas, desbordamiento de ríos y riego excesivo. De todas maneras, los incidentes por anegamientos e inundaciones han aumentado en su frecuencia y son impredecibles en todo el mundo, sobre todo por precipitaciones erráticas y no estacionales. Las épocas pluviosas en suelos con drenajes deficientes producen condiciones anaeróbicas que son perjudiciales para las raíces de las plantas.

El oxígeno en terrenos inundados disminuye porque la difusión de gases en el agua es 10.000 veces más lenta en comparación al suelo bien aireado, lo que genera una crisis energética para los tejidos de las raíces por el ambiente anóxico, ocasionando hasta la muerte de la planta. Además, la deficiencia de O_2 en el suelo perjudica las comunidades microbianas y reduce numerosos nutrientes oxidados (NO3-, Fe3+, SO4 2-) generando niveles altos de compuestos reducidos (Mn2+, Fe2+, NH4+, H2S) y compuestos orgánicos que pueden ser tóxicos para las plantas.

En las plantas, además del efecto sobre la absorción de nutrientes y agua por la carencia de energía, el impacto más grave lo provoca sobre la fotosíntesis debido a la reducida conductancia estomática y el cierre de estomas, así como el menor crecimiento de las hojas, clorosis, quemazón y finalmente la caída foliar.

Las condiciones de exceso de humedad en el suelo favorecen la incidencia de patógenos. También es importante tener en cuenta que, una elevada temperatura del suelo y/o agua y una radiación solar alta durante el anegamiento aumenta su efecto adverso sobre las plantas (figura 1).

Figura 1 Terreno encharcado en Olive Land Farms *Fuente: Elaboración propia*

El anegamiento causado por las inundaciones puede afectar la agricultura, reduciendo la calidad del suelo y la productividad de muchos cultivos. En el caso específico de los cultivos de olivo, este fenómeno puede tener consecuencias negativas. Por ejemplo, en Olive Land Farms, ubicada en el estado de La Florida, EE. UU., se han observado daños debido al encharcamiento al que las plantas de olivo han estado expuestas.

Los eventos extremos a causa del anegamiento de terrenos agrícolas van a seguir aumentando, también en sitios en los cuales antes no se esperaba por lo cual un enfoque multifacético es necesario, incluyendo la creación de variedades y patrones tolerantes, estudios de la fisiología de la planta anegada y las medidas de manejo apropiadas para enfrentar este riesgo climático como el drenaje del terreno.

2.2. Drenaje de terrenos encharcados

El drenaje del suelo es una técnica muy importante para mantener la salud de las plantas y evitar la acumulación de agua en áreas no deseadas. Los drenajes son sistemas que permiten el flujo del agua fuera del suelo, evitando así la saturación del mismo. Hay varios tipos de drenajes y su instalación depende del tipo de suelo y del uso que se le dé al área.

Tipos de drenajes

El drenaje natural es el más común y se produce de forma natural cuando el agua se filtra a través del suelo y se evapora. Sin embargo, en algunas áreas, el suelo puede ser demasiado húmedo y se necesitan técnicas de drenaje adicionales.

El drenaje subterráneo es uno de los métodos más efectivos para drenar el suelo. Se utiliza una red de tuberías subterráneas para recoger el agua que se acumula en el suelo y transportarla fuera del área. Este tipo de drenaje es muy útil en áreas con suelos arcillosos o compactos.

El drenaje de superficie es otro método popular. Este tipo de drenaje utiliza canales o zanjas para recoger el agua que se acumula en la superficie del suelo y transportarla fuera del área. Es especialmente efectivo en áreas con suelos arenosos o con pendientes pronunciadas.

Para drenar terrenos encharcados y mantenerlos saludables, es importante seguir una serie de pasos clave:

1. Identificar la causa del encharcamiento:

Antes de iniciar cualquier trabajo de drenaje, es fundamental identificar por qué se produce el encharcamiento en el terreno. Puede ser debido a lluvias intensas, mal drenaje natural, suelos arcillosos, entre otras causas. Esta información te ayudará a determinar la mejor solución.

2. Mejorar la estructura del suelo:

Si el problema se debe a suelos compactados o arcillosos, es recomendable trabajar en mejorar la estructura del suelo. Esto se puede lograr mediante la adición de materia orgánica, como compost o turba, que ayudará a mejorar la infiltración del agua y reducir el encharcamiento.

3. Instalar sistemas de drenaje:

Para casos más severos, puede ser necesario instalar sistemas de drenaje, como zanjas de drenaje, tuberías perforadas o pozos de absorción. Estos sistemas ayudarán a desviar el exceso de agua y a mantener el terreno en condiciones saludables para las plantas.

4. Escoger plantas tolerantes al exceso de agua:

Una vez que haya drenado el terreno, es importante escoger plantas que sean tolerantes al exceso de agua, como los nenúfares, iris o jacintos de agua. Estas plantas no solo sobrevivirán en condiciones de suelo húmedo, sino que también ayudarán a absorber el exceso de agua y a mantener el equilibrio del jardín.

Identificación de la causa de la acumulación de agua en el terreno

Identificar la causa de la acumulación de agua es el primer paso crucial para solucionar el problema de los terrenos encharcados y determinar la razón detrás de esta acumulación permitirá aplicar las soluciones adecuadas de manera efectiva.

Algunas posibles causas de la acumulación de agua en el terreno incluyen:

Mal drenaje del suelo: Cuando el suelo es compacto o arcilloso, el agua tiende a acumularse en la superficie en lugar de infiltrarse correctamente.

Topografía del terreno: Si su jardín se encuentra en una pendiente o en un área baja, es probable que el agua se acumule en ciertas zonas.

Sistemas de drenaje obstruidos: Las tuberías de drenaje bloqueadas o en mal estado pueden provocar la acumulación de agua en el jardín.

Una vez identificado la causa específica de la acumulación de agua, se podrá seleccionar las estrategias de drenaje más adecuadas para resolver el problema de manera efectiva.

Estrategias para mejorar el drenaje en el terreno

Instalación de drenajes subterráneos: Permite la recolección y desviación del agua hacia áreas designadas de drenaje.

Creación de zanjas de drenaje: Ayuda a redirigir el agua lejos de las áreas encharcadas hacia lugares donde pueda ser absorbida por el suelo.

Mejora del suelo: Agregar materia orgánica o arena al suelo para mejorar su capacidad de drenaje.

Selección de las herramientas para drenar los terrenos encharcados

La **selección de las mejores herramientas para drenar terrenos encharcados** es esencial para garantizar que el proceso de drenaje sea efectivo y eficiente. Contar con las herramientas adecuadas facilitará el trabajo y ayudará a lograr resultados óptimos en la mejora de la salud del terreno.

1. Palas y azadas:

Estas herramientas son fundamentales para cavar zanjas y abrir canales de drenaje en el terreno encharcado. Una pala con punta afilada facilitará la tarea de remover el suelo y crear los canales necesarios para el drenaje del agua acumulada.

2. Nivel de burbuja:

Utilizar un nivel de burbuja te ayudará a asegurarte de que las pendientes que estás creando en el terreno son las adecuadas para dirigir el agua hacia las zonas de drenaje. Mantener una inclinación uniforme en las zanjas es clave para un drenaje efectivo.

3. Tubos de drenaje:

Los tubos de drenaje son esenciales para canalizar el agua lejos de las áreas encharcadas. Puedes optar por tubos perforados que permiten que el agua se filtre lentamente en el suelo circundante o por tubos lisos para un drenaje más rápido y directo.

4. Grava o piedras de drenaje:

Colocar una capa de grava o piedras en el fondo de las zanjas de drenaje ayudará a evitar la obstrucción de los tubos y facilitará el flujo del agua a través del sistema de drenaje. La grava también ayuda a prevenir la erosión del suelo en las zonas de drenaje.

5. Nivelador de terreno:

Contar con un nivelador de terreno te permitirá asegurarte de que la superficie del suelo quede uniforme una vez completado el proceso de drenaje. Esto es importante para evitar la formación de nuevas áreas encharcadas en tu jardín.

Al elegir las herramientas para drenar terrenos encharcados, es importante considerar la magnitud del problema de encharcamiento, el tamaño de tu jardín y tus habilidades como jardinero. En caso de dudas, siempre es recomendable consultar a un profesional para obtener orientación específica.

Implementación de un sistema de drenaje eficaz.

Implementar un sistema de drenaje eficaz es esencial para evitar problemas como encharcamientos que pueden dañar las plantas y el suelo. A continuación, se detallan los pasos clave para lograr un drenaje óptimo y mantener el terreno saludable:

1. **Identificar las zonas problemáticas**

Antes de comenzar con la instalación del sistema de drenaje, es fundamental identificar las áreas que tienden a encharcarse. Esto se puede hacer observando dónde se acumula el agua después de una lluvia intensa o al regar las plantas. Marcar estas zonas le ayudará a planificar la ubicación de los drenajes de manera efectiva.

2. **Elegir el tipo de drenaje adecuado**

Existen diferentes tipos de sistemas de drenaje, como los drenajes franceses, los sumideros y las zanjas de infiltración. Es importante seleccionar el tipo que mejor se adapte a las necesidades de su jardín y al nivel de encharcamiento que presente. Por ejemplo, los drenajes franceses son ideales para áreas con problemas de acumulación de agua en la superficie.

3. **Preparar el terreno**

Antes de instalar el sistema de drenaje, es crucial preparar el terreno adecuadamente. Esto puede implicar cavar zanjas, perforar tuberías o instalar sumideros según el tipo de drenaje elegido. Asegúrese de contar con las herramientas necesarias y de seguir las instrucciones de instalación al pie de la letra.

4. **Instalar el sistema de drenaje**

Una vez que el terreno esté listo, proceda a instalar el sistema de drenaje siguiendo el diseño previamente planificado. Es importante asegurarse de que las tuberías estén correctamente colocadas y que los sumideros drenen el agua de manera eficiente. Un buen sistema de drenaje garantizará que el exceso de agua se aleje de las raíces de las plantas, evitando daños por encharcamiento.

5. **Realizar pruebas y ajustes**

Después de la instalación, es recomendable realizar pruebas para asegurarse de que el sistema de drenaje funciona correctamente. Simule lluvias o riegue el olivar y observe cómo fluye el agua a través del sistema. Realice los ajustes necesarios para mejorar la eficacia del drenaje y asegurarse de que todas las zonas problemáticas estén cubiertas.

2.3. El Olivo. Sus características

Figura 2 Árbol de olivo Fuente: aceitedeoliva.com

Olea europea L (olivo) es una especie arbórea perteneciente a la familia botánica Oleaceae, distribuida en regiones tropicales y templadas. Originario de la cuenca mediterránea, es la única oleácea de frutos comestibles, y su cultivo se remonta a más de 6.000 años.

La componen 29 géneros y alrededor de 600 especies repartidos por casi todo el mundo. Dentro de esta gran familia podemos encontrar especie tan conocidas como el fresno (Fraxinus angustifolia), el jazmín (Jaminum officinalis), la lila (Syringa vulgaris), el aligustre (Ligustrum sp.), y otras del género Forsythia y Osmuanthus.1

El género Olea está compuesto por más de 30 especies, todas ellas procedentes de áreas con condiciones de crecimiento relativamente difíciles (Zohary, 1973). La mayoría son arbustos o árboles. La única especie de fruto comestibles es la Olea euopaea a la cual pertenece el olivo. Existe controversia sobre cómo subclasificar a la especie, pero generalmente se considera que los olivos cultivados pertenecen a la subespecie sativa y los silvestres a la subespecie sylvestris (Barranco-Navero *et al.*, 2017).

Esquema botánico:

Familia: Oleácea.

Género: Olea.

Especie: *Olea europaea*. Olea europaea var. sylvestris (olivo silvestre)

Olea europaea var. sativa (olivo cultivado)2

Olea europaea var. sativa u *Olea sylvetris* se distribuye en España, Portugal, África del Norte, Sicilia, Crimea, Cáucaso, Armenia y Siria. La subespecie Laperrini, existe en África del Norte desde la cordillera de Atlas marroquí hasta Libia, encontrándose espontánea incluso a 2.700 m de altitud.

En los últimos estudios de las variedades de olivo en España realizado por el Departamento de Agronomía de la Universidad de Córdoba (1.972-1992), en España se han localizado 262 variedades o cultivares de olivos, de estas, 24 variedades predominan y son las más conocidas.

" Esta diversidad es debida probablemente al origen autóctono de las variedades que ocasionó que en cada zona se eligieran cultivares distintos, y a determinados factores que ha mantenido la situación morfogenética inicial". La homogeneidad genética dentro de las variedades cultivadas es muy acusada debido a los procedimientos de propagación vegetativos utilizados.

2.4. Características del olivo

El olivo es un árbol siempre verde que en condiciones adecuadas puede alcanzar los 15 metros de altura. De hecho, el tronco sinuoso de corteza oscura y áspera llega a medir más de 100 cm de radio en plantas adultas.

El tallo es un tronco corto que luego se ramifica de forma irregular formando una corona muy cerrada. El tronco presenta protuberancias particulares debido a su permanente crecimiento lateral y corteza de tonalidades gris-verduzcas.

La planta asegura el anclaje a través de una fuerte raíz principal. Posee un grupo de raíces de absorción que garantizan la absorción de agua y nutrientes.

La ramificación del olivo se organiza en ramas de primero, segundo y tercer orden. El tronco y las ramas de primer orden establecen la estructura principal, las ramas secundarias, menos voluminosas, sostienen las ramas terciarias, donde se desarrollan los frutos.

Las hojas simples y persistentes de forma lanceolada o elíptica de márgenes rectos son de consistencia coriácea y color verde brillante. Por el envés, la coloración es grisácea, presentando abundantes tricomas cuya función es controlar la circulación de agua y filtrar la luz.

Las flores blanco-amarillentas están constituidas por un cáliz de cuatro sépalos persistentes en forma de copa, unidos en la base. La corola tiene cuatro pétalos concrescentes entre sí de color blanco cremoso y dos estambres cortos con dos anteras amarillas.

Las inflorescencias se agrupan en racimos que nacen de las axilas foliares, contienen entre 10-40 flores sobre un raquis central. El fruto es una drupa globosa de 1-4 cm verde que al madurar se torna negra, rojiza o violácea.

En fruto (la aceituna) contiene una sola semilla de gran tamaño. Esta aceituna se caracteriza por un pericarpio carnoso y oleaginoso comestible, y un endocarpio grueso, áspero y duro.

Se han descrito seis subespecies naturales de *Olea europaea* con una amplia distribución geográfica:

África occidental y sudeste de China: *Olea europaea* subsp. *cuspidata.*

Argelia, Sudán, Níger: *Olea europaea* subsp. *laperrinei.*

Canarias: *Olea europaea* subsp. *guanchica.*

Cuenca mediterránea: *Olea europaea* subsp. *europaea.*

Madeira: *Olea europaea* subsp. *cerasiformis* (tetraploide).

Marruecos: *Olea europaea* subsp. *maroccana* (hexaploide).

2.5. Etimología

La palabra "olivo" proviene del latín "olívum", que se refiere al mismo árbol. A su vez, este término latino es un préstamo del griego "ἔλαιον", que tiene diferentes significados según su género. Por ejemplo, la forma neutra de "ἔλαιον" se refiere al producto del aceite de oliva. Además, desde la antigüedad, el olivo ha sido considerado un símbolo de paz, y en la etimología popular, se ha relacionado la palabra griega "elaion" (aceite) con "eleos" (misericordia).

Así que, el olivo tiene una rica historia y significado en diferentes culturas.

2.6. Hábitat y distribución del olivo

El olivo es nativo de la región sur del Cáucaso, las altiplanicies de Mesopotamia, Persia y Palestina, incluyendo la costa de Siria, y por supuesto, de la cuenca mediterránea (España, Italia, Grecia).

Se cultivó por primera vez hace alrededor de 7.000 años en todo el Mediterráneo, y en el 3000 a.C. se cultivaba en la isla griega de Creta, y se cree que el olivo fue la fuente principal de su riqueza.

Los misioneros españoles introdujeron el cultivo en América a mediados del siglo XVI, inicialmente en el Caribe y México. Posteriormente, fue dispersado en Norteamérica (California) y Suramérica (Colombia, Perú, Brasil, Chile y Argentina).

Esta planta se desarrolla en una franja de 30-45° de latitud norte y latitud sur. Particularmente en regiones climáticas con verano caluroso y seco, y donde la temperatura invernal no descienda a menos de cero grados.

2.7. Propiedades de las olivas/aceitunas

El fruto del olivo, denominado aceituna, es una baya carnosa simple, de forma globular o aovada según la variedad, de 1-3 cm. Cuando son tiernas son de color verde y al madurar se vuelven negruzcas o verde oscuro, con la pulpa gruesa.

La pulpa, o sarcocarpio grueso, carnoso y oleaginoso, es comestible, y el endocarpio que contiene la semilla es óseo y firme. Las aceitunas requieren un proceso de curación y maceración para ser consumidas, ya sea de forma directa o como aderezo en diversas especialidades gastronómicas.

De la aceituna se extrae el aceite de oliva, una grasa monoinsaturada con alto contenido de ácido oleico. El aceite de oliva es beneficioso para garantizar la salud del sistema cardiovascular regulando el colesterol.

El aceite de oliva tiene propiedades digestivas, presenta un efecto laxante, diurético, astringente, colagogo, emoliente, antiséptico, hipotensor y antiinflamatorio. Además, se emplea para aliviar quemaduras, picaduras de insectos, torceduras y esguinces, y para sanar afecciones de las membranas mucosas.

2.8. **Usos del olivo**.

Las hojas, el fruto y el aceite de esta planta se han usado desde hace miles de años en la gastronomía, la medicina tradicional y la decoración, hasta el punto de llegar a considerarlo el cultivo más valioso de la región mediterránea. Las hojas se usan como antiséptico, astringente y para calmar la fiebre y las raspaduras de la piel, aunque también se cree que pueden ser remedio para la hipertensión.

Los frutos necesitan macerarse antes de ser consumidos, pero los de algunas variedades pueden consumirse después de secarse. Se comen como aperitivo o como acompañamiento de muchos platillos, pues son un ingrediente básico de la cocina mediterránea. Las aceitunas contienen cerca del 40 por ciento o más de aceite, que se extrae después de la cosecha y que se usa en la cocina, como remedio natural y como tratamiento cosmético. Proporciona sabor y textura a ensaladas, salsas y mayonesas, así como a pizzas y pastas.

Asimismo, se usa en el tratamiento del estreñimiento, úlceras pépticas, quemaduras, picaduras, comezón y caspa, entre otros. Como es rico en ácido oleico, se le cree benéfico para la salud cardiovascular. Por otra parte, la madera del árbol es útil como combustible y materia prima de muebles y construcciones, y el árbol puede ser sembrado como motivo ornamental

2.9. Enfermedades del olivo y su tratamiento natural

Aunque son muchas las enfermedades que pueden sufrir los olivos, hay unas pocas enfermedades que son las más importantes en términos de daños y número de ataques. Además, también hay un gran número de plagas que producen pérdidas, como el algodoncillo del olivo, aunque esas no son consideradas enfermedades como tal.

Asfixia radicular del olivo

El exceso de humedad en el suelo no resulta beneficioso para el olivo.

La asfixia radicular puede producir debilitamiento, clorosis, hojas amarillas, caída de aceitunas, defoliación y aparición de hongos en el tronco del olivo

Repilo

De nombre científico *Cycloconium oleaginea*, es una de las peores enfermedades que pueden dañar un cultivo de olivos. Esta afección provoca la caída de las hojas de los olivos, además de una merma importante en la producción de frutos y, a la larga, un debilitamiento general del árbol. El síntoma más visible es la aparición de manchas de tipo circular en las hojas, que también pueden llegar a verse a veces en los frutos. Las hojas acaban adoptando un tono blanquecino, y caen de forma prematura.

No existen variedades de olivo resistentes por completo a este hongo y una vez la plaga ha aparecido, no se puede hacer más que aplicar fungicidas, que deben utilizarse en otoño y al final del invierno. Es importante concentrar la aplicación del fungicida en la parte baja de la copa del árbol.

Verticilosis

La verticilosis es otra enfermedad muy peligrosa para los olivos, cuyos casos han aumentado mucho en las últimas temporadas. Resulta bastante difícil de combatir y está presente en toda la cuenca mediterránea, con especial incidencia en Andalucía.

El hongo se cuela en el interior de la planta por heridas o por sus raíces y el primer síntoma que produce es la decoloración de las hojas, que se enrollan sobre sí mismas alrededor del nervio central. Las flores y frutos se acaban secando también, y puede llegar a matar al árbol. Es muy peligrosa porque se esparce por una gran cantidad de plantas y puede sobrevivir hasta más de una década en el suelo.

En su combate es muy importante no extender la infección con las labores de trabajo del suelo y de abonado. Además, hay variedades resistentes a ella. Por lo demás, solo se pueden utilizar métodos como la solarización o sustancias anti fúngicas, además de podar y controlar las partes infectadas.

Antracnosis en el olivo

La aceituna jabonosa o antracnosis se considera actualmente la más importante de las enfermedades que afectan a los olivos a nivel mundial. Provoca una gran cantidad de daños en la cosecha, echando a perder el aceite de los frutos afectados.

Sus síntomas son aceitunas con manchas de color pardo y arrugadas y hojas con partes secas y necrosadas, que acaban secándose por completo. Las ramas también se secan en sus puntas y las inflorescencias pueden verse igualmente afectados.

Ante la antracnosis, pueden elegirse variedades resistentes como el picual, dar una buena ventilación entre las ramas al árbol y aplicar fungicidas.

El olivo requiere relativamente pocos cuidados, siempre que se siembre en un terreno que cumpla con sus requerimientos mínimos. Es una especie que se adapta a suelos de baja fertilidad y arenosos, aunque requiere suficiente radiación solar.

No tolera el frio prolongado, ya que puede ocurrir la defoliación de las hojas tiernas y el aborto de los botones florales. Las plantas jóvenes son más propensas a los vientos fuertes que las adultas, por lo que necesitan barreras cortavientos en zonas expuestas.

El olivo crece y presenta un buen desarrollo en zonas marítimas, sin embargo, es susceptible a altos niveles de salinidad del suelo. A pesar de ser sensible a las heladas, requiere de un nivel de temperatura baja para mantener la floración e incrementar la producción.

El riego debe ser continuo en las etapas de establecimiento del cultivo, y en las plantas productivas la hidratación incrementa la productividad. El exceso de abonos nitrogenados incrementa la producción de área foliar y el peso de la corona, lo que puede ocasionar el volcamiento.

Se recomienda colocar una capa o mantillo orgánico alrededor del tallo con el objeto de mantener la humedad y controlar la maleza. Se recomienda la poda de mantenimiento, dejando de tres a cinco ramas para facilitar la penetración de la luz y el agua (Lidefer, 2023).

2.9. Variedades de olivo que se cultivan en “Olive Land Farms”

En Olive Land Farms se cultivan ocho variedades de olivo Arbequina, Arbosana, Ascolana, Kalamata, Koroneiki, Picual, Manzanilla y Taggiasca (figura 3).

Figura 3 Variedades de olivo que se cultivan en Olive Land Farms

2.9.1. Arbequina

Arbequina es una variedad de olivo (*Olea europea*) que fue introducida por la duquesa de Cardona en el siglo XVII, quien vivía en el castillo-palacio de Arbeca, Cataluña, de ahí el nombre que recibe esta variedad en honor al municipio donde residía (figura 4).

Figura 4 Arbequina.

Características

Es un árbol de pequeño tamaño. Un tamaño que engaña, puesto que a primera vista parece que no se puede extraer mucho zumo de su interior pero no es así. ¿Por qué? Porque es una de las variedades más grasas. Sin embargo, posee un hueso de gran tamaño. Esto hace que su relación pulpa-hueso sea baja.

La arbequina se caracteriza por una gran resistencia al frío, un vigor muy reducido y una baja resistencia a los suelos calcáreos. El tamaño de su fruto es el menor de las variedades cultivadas en España, entre uno y dos gramos.

En cuanto a su distribución, podemos encontrar plantaciones en las comunidades de Cataluña, Aragón y Andalucía en España, en la zona del Maule en Chile, La Rioja en Argentina, Minas Gerais en Brasil y recientemente en zonas de las sierras de Maldonado y Minas en Uruguay. Es la base de las modernas plantaciones intensivas ya que su escaso vigor permite una alta densidad de plantas, llegando en algunas plantaciones a las 2000 plantas por hectárea.

El aceite de oliva virgen extra temprano de arbequina es suave y tiene aroma afrutado. Sin embargo, debido a la baja proporción de polifenoles, su duración es limitada.

Otras de sus características que la hacen inconfundible es su apariencia. Una aceituna de forma simétrica y esférica. La oliva arbequina alcanza su madurez cuando su piel presenta color negro. No obstante, al tener una baja exposición a la oxidación se opta por una recogida temprana. Lo que hace que se recojan cuando aún está un poco verde. Lo que garantiza que su sabor desprenda unos matices afrutados.

Usos

Además de ser empleada como aceituna de mesa, se utiliza para producir un aceite de oliva de gran calidad. En general, los aceites de oliva basados en este tipo de olivo son más fluidos y dulces, con un acabado donde el amargor y el picante apenas son perceptibles (Corral, 2020)

2.9.2. Arbosana

Olea europea var. Arbosana (figura 5)

Figura 5 Olea europea var. Arbosana

Características

Es una de las variedades más populares de olivos en la actualidad. Es originario de la región de Penedés, ubicada entre Barcelona y Tarragona, en España. Por su vigor reducido y su alto rendimiento, se han convertido en una de las variedades favoritas para la plantación en seto. A diferencia de otras variedades, no son muy resistentes al frío y toleran bastante mal las épocas de sequía (Aparicio, 2023).

Las plantaciones de este tipo de aceitunas suelen darse en setos, debido a su vigor reducido y a su alta productividad. Por lo que la densidad de este tipo de olivares es superior a los de otras variedades de aceite. Las cosechas de Arbosana se dan tres semanas después que las de arbequina, por lo que una maravillosa opción es combinar ambas variedades en el mismo terreno. Este tipo de olivos son muy regulares en cuanto a productividad por lo que suelen dar temporada tras temporada la misma cantidad de aceite y su vecería es escasa.

Debido a su nivel de producción de más de 2000 kg de aceite por hectárea y a su inconfundible sabor, son muchas las zonas de España y otros países que han apostado por esta variedad de olivos, por lo que la expansión del aceite arbosana cada vez es mayor. Además, su productividad es bastante precoz ya que en poco tiempo consigue alcanzar un rendimiento óptimo.

Si hay algo que caracteriza a los olivos de Arbosana es su escaso vigor y su buena adaptación a plantaciones superintensivas. Esto se debe a que esta variedad de aceituna es muy difícil de desprender.

Los olivos Arbosana destacan por su vigor reducido, lo que los hace ideales para plantaciones superintensivas, a los dos años de su plantación, ya pueden obtener cosechas interesantes. Con los cuidados adecuados, se pueden alcanzar producciones superiores a las 2 toneladas de aceite de oliva por hectárea, tiene una excelente capacidad de enraizamiento y expansión, a diferencia de otras variedades de olivo, la Arbosana tiene una floración más tardía, resiste bien el repilo y el verticillium, pero es algo susceptible al frío y a la tuberculosis del olivo.

El Supremo Arbosana es un aceite de cosecha temprana, extraído en frío mediante procesos mecánicos.

Como hemos comentado antes, es una variedad que no suele darse en Andalucía. Sin embargo, este aceite se produce en Jaén y al estar rodeado de olivos de Picual obtiene matices muy interesantes. Por esta razón, su producción es bastante exclusiva, en torno a unas 3.000 botellas por cosecha.

Usos

La Arbosana se cultiva para producir aceite de oliva.

En nariz tiene un frutado medio con notas aromáticas herbales y afrutadas. Sin embargo, en boca presenta un sabor persistente, aunque su entrada en un primer momento es bastante suave.

Es ideal para quienes apuestan por sabores dulces, pero con carácter; aquellos que a pesar de su suavidad dejan una huella imborrable en la memoria de los comensales que lo prueban.

2.9.3. Ascolana

Olea europaea var. Ascolana (figura 6)

Figura 6 Olea europaea var. Ascolana

El cultivar de **olivo Ascolana Tenera**, también conocido por Ascolano, tiene su origen en el territorio italiano de Ascoli Piceno, en la región italiana de Marche (Marcas). Los olivares principales se encuentran en la región de Marche, siendo escasa su difusión por Italia central. Tiene como aprovechamiento principal la producción de aceitunas para consumo en mesa (aceitunas a la ascolana).

La variedad necesita terrenos sueltos y frescos de composición caliza para alcanzar su potencial productivo, el olivo Ascolano es vigoroso**,** de porte erecto **y** alto espesor de copa, la *hoja de Ascolana es de* forma elíptico-lanceolada **y** tamaño medio, la variedad de olivo Ascolana Tenera es resistente a repilo, frío, suelos calizos, tuberculosis y *cochinilla*.

Es especialmente sensible al ataque de la mosca, que es atraída por su gran tamaño, la planta tiene buena capacidad de enraizamiento, es una variedad de aceituna de maduración temprana**,** tiene aceitunas de tamaño muy grande (media 7 gramos). Algunos frutos pueden alcanzar los 10 gramos, gracias a su tamaño, las *aceitunas a la ascolana* son bastante conocidas internacionalmente, al madurar, la aceituna Ascolana alcanza el color negro**,** produce aceitunas de rendimiento medio (17%). Sensible a la mosca. Su producción disminuye si el terreno no es idóneo. Además, es resistente a varias enfermedades del olivo.

Usos: la aceituna Ascolana tiene buena aptitud para aderezo, es una variedad de aceituna muy bien valorada para comer "*aceitunas a la ascolana*".

2.9.4. Kalamata

Olea europaea var. Kalamata (Figura 7)

Figura 7 Olea europaea var. Kalamata

Características

El árbol es bastante robusto, sus ramas tienen una tendencia trepadora y hojas grandes. En promedio, la fruta pesa 5-6 gramos, el núcleo es liso y se desprende fácilmente de la carne.

Esta variedad da olivos vigorosos, erguidos, medianamente resistentes al frío, de producción tardía, abundante y de frutos grandes. Ideal para aceitunas negras en conserva y también aceite.

Las aceitunas Kalamata se llaman así porque originalmente se cultivaron en la región alrededor de Kalamata, que incluye Messenia y la cercana Laconia, ambas ubicadas en la península del Peloponeso. Ahora se cultivan en muchos lugares del mundo, incluso en Estados Unidos y Australia. Son de color morado oscuro, regordetas y con forma de almendra, de un árbol que se distingue de otras variedades de olivo por el tamaño de sus hojas, que son más grandes (Antol, 2004). Los árboles son intolerantes al frío y susceptibles a la verticilosis pero son resistentes a *Pseudomonas savastanoi* y a la mosca del olivo.

No se pueden recolectar y deben recogerse a mano para evitar magulladuras. Se clasifican como aceitunas negras.

Usos

Pueden consumirse directamente como aperitivo o formando parte de otros platos, como la típica ensalada griega y otros tipos de ensaladas así como en la elaboración de platos cocinados donde las aceitunas se usan como ingrediente.

2.9.5. Koroneiki

Olea europaea var. Koroneiki (Figura 8)

Figura 8 Olea europaea var. Koroneiki.

Características

Es un árbol de vigor medio, porte abierto y copa densa. Su ápice es puntiagudo y la base redondeada, posee lenticelas de pequeño tamaño. El hueso es pequeño, alargado y asimétrico. Presenta hojas elípticas muy particulares, cuya característica principal es que son más cortas y estrechas, fácilmente diferenciables de otras variedades de olivo. Esta es la estrategia de adaptación foliar, que le permite resistir las condiciones climáticas en zonas áridas.

Ha sido difundido gracias a su adaptación a las plantaciones superintensivas. Es un olivo menos productivo que Arbequina, su mayor vigor puede ser un problema para adaptarse al marco superintensivo en terrenos fértiles y con buena climatología. Es una variedad con una entrada en producción muy precoz, con elevada productividad, pero algo menor que Arbequina.

La variedad Koroneiki de la especie olivo, es muy resistente a terrenos áridos, aunque es poco tolerante a las bajas temperaturas. Por esta razón, es que se ha extendido exitosamente en las costas del Mediterráneo y no se recomienda sobre los 400 m de altitud. También hay que destacar que son árboles resistentes al frío, se adaptan a plantaciones en seto o superintensivo y con poca vecería, es decir, que tienen una producción constante a lo largo de los años. Aunque es bastante productiva, no está entre los olivos más productivos

Esta variedad de olivo es de maduración temprana alrededor de dos semanas después de arbequina y tiene un buen rendimiento, en alguna zona llega a tener rendimientos entre 18-20%. Una de las aceitunas con mayor rendimiento.

Usos

El fruto es más ovalado de lo normal y posee poca pulpa, razón por la cual su uso es principalmente para la producción de aceite y no para el de la aceituna comercial.

2.9.6. Manzanilla

Olea europaea var. Manzanilla (Figura 9)

Figura 9 Olea europaea var. Manzanilla

Características

El olivo Manzanilla Sevillana es una variedad de aceituna de mesa por excelencia. Se cultiva tanto en España donde ocupa una superficie cercana a las 100,000 hectáreas, como en otros países como Argentina, Australia, Israel, Portugal y Estados Unidos donde la variedad de aceituna Manzanilla de Sevilla es conocida como *Manzanillo Olive*.

Es un árbol con bajo vigor, de porte abierto y densidad de copa media. Su fruto tiene un peso elevado, esférico y simétrico. Su ápice es redondeado y la base truncada. El hueso tiene un peso elevado, ovoide y simétrico. Es de vigor reducido de precoz entrada en producción, productividad elevada y alterna.

Sus requerimientos para el cultivo son un tanto exigentes, especialmente fuera de su área originaria. Es sensible al frío, a la asfixia radicular y a la clorosis férrica, al verticilo y la tuberculosis.

Usos

Es la variedad de aceituna para mesa más extendida. Las excelentes características de su pulpa y la facilidad de extracción del hueso la convierten en la principal variedad para aderezo, tanto en verde como en negro. Es la variedad de mesa más apreciada, también se usa para aceite pero tiene bajo rendimiento, sin embargo es de alta calidad y estabilidad.

2.9.7. Olivo Picual

Olea europaea var. Olivo Picual (Figura 10)

Figura 10 Olea europaea var. Picual

Características

*Es un á*rbol de vigor medio, porte abierto y copa espesa, posee un peso medio, ovoide y asimétrico. Ápice redondeado y base truncada. Lenticelas abundantes. El fruto es negro en la madurez, el hueso con peso elevado, elíptico y asimétrico y de superficie escabrosa.

Presenta una elevada producción, con poca alternancia cuando se cultiva bien. *Es d*e maduración temprana y con baja resistencia al desprendimiento del fruto. Muy rústico por lo que se adapta a muchos tipos de suelos y climas, resistente al frío y a la salinidad. Es una variedad tolerante a *tuberculosis,* pero muy sensible a verticilos. En zonas susceptibles de verticilos es muy importante analizar el suelo antes de plantarla.

La plantación de olivo picual está muy extendida debido a su elevado rendimiento graso, la maduración temprana, la facilidad de cultivo y la alta calidad del aceite. El árbol de variedad picual es robusto, con ramas cortas y se adapta a cualquier tipo de suelo aunque es sensible a las épocas de sequía.

El olivo Picual, es la variedad más importante en España, tiene excelentes características para producir aceite de oliva (aceituna de alto rendimiento, elevada capacidad productiva, desprendimiento fácil). Es la clase de olivo (*Olea Europea Sativa*), más presente en el olivar Andaluz y es la aceituna más cultivada en España. Tiene una extensión de cultivo en aumento y que actualmente supone aproximadamente un millón de hectáreas de olivar.

La principal zona de cultivo es Jaén, donde más del 90% de los olivos plantados, pertenecen a la variedad de aceituna Picual. En las provincias andaluzas de Córdoba, Granada y Sevilla, también supone una importante extensión del cultivo.

Su superficie de cultivo sigue en expansión, aunque no se adapta a olivar en seto, es regular, productiva y su recolección es más fácil que la de otras variedades.

Tiene su origen más probable en España, sin embargo, son variedades muy antiguas que no permiten asegurar su siglo, ni su zona exacta de procedencia.

Este olivo también es conocido por otros nombres: Nevadillo, Nevadillo Blanco, Marteño, Lopereño, Corriente, Andaluza, Picúa, Blanco, Fina, Morcona, Jabata, Nevado, Nevado blanco, Lopereño, Salgar y Temprana.

El nombre *"Picual"*, se debe a la forma picuda o de pico de esta variedad de olivo. La variedad también es conocida popularmente con el nombre Nevadillo Blanco, esto se debe a que su hoja es blanquecina comparada con la variedad de olivo Nevadillo Negro.

Es una variedad de olivo de excelentes características. Ha sido y es la variedad de olivo más rentable para el cultivo tradicional del olivo. Es una variedad de entrada en producción precoz y de productividad elevada. Con riego de apoyo y realizando una poda de formación adecuada, tarda en producir buenas cosechas unos 5-6 años.

Dispone de una buena inducción floral, aspecto que hace que sea una variedad de aceituna poco vecera. Puede intercalar cosechas altas con medias cosechas o alternar buenas cosechas si los cuidados del olivo Marteño son los adecuados.

Picual tolera bien la tuberculosis y es menos apetecible para la mosca del olivo que otras variedades. Sin embargo, su hoja es sensible al hongo del repilo y es atacado por las plagas del Prays y la Cochinilla. Puede multiplicarse fácilmente mediante estaca o en viveros por nebulización (estaquillado semileñoso). Por ello los viveros de olivos pueden vender plantones de Picual a buen precio.

Es de maduración temprana, el fruto es de tamaño mediano, la aceituna producida por el olivo Nevadillo Blanco, tiene forma elíptica-asimétrica alcanza la madurez, cuando la piel presenta color negro, tiene una relación pulpa/hueso media-alta, el pedúnculo de la aceituna Picual es de tamaño muy pequeño.

La aceituna Picual tiene un rendimiento elevado de aceite. El rendimiento graso dependerá del estado nutritivo del olivo, nivel de carga, maduración de aceituna, condiciones climáticas de la zona de cultivo. Habitualmente el rendimiento graso de la aceituna Picual es superior al 20%.

Tiene baja resistencia al desprendimiento, aspecto que facilita la recolección. Aun así, aguanta bien en el olivo, sin caerse al suelo fácilmente.

Es una variedad productiva, con escasa influencia de la vecería del olivo. El aceite Picual es estable y de buenas características. Fácil de cosechar y multiplicar vegetativamente.

Usos:

La variedad de aceituna Picual se utiliza para la producción de aceite. Su calidad para aceituna de mesa es muy inferior a la de variedades como Manzanilla Cacereña.

2.9.8. Taggiasca

Olea europaea var. Taggiasca (figura 11)

Figura 11 Olea europaea var. Taggiasca

Características:

Árboles de gran porte, es de vigor alto, porte abierto-llorón y copa de media densidad. Adaptado a zona más costera o más elevada. Tiene hojas de forma elíptico-lanceolada y tamaño medio, es sensible al frío y sequía.

La planta tiene una capacidad de enraizamiento escasa Se adapta bien a diversas condiciones, tanto pegado al mar como en zonas de mayor altitud. Destaca por sus buenas características productivas y la alta valoración del aceite y aceitunas producidos, es de entrada en producción precoz y de producción alta, obtiene producciones regulares. Es de floración media y su polen es parcialmente autocompatible.

El olivo Taggiasca (también conocido como *olive Taggiasche*) es una variedad de olivo muy apreciada por sus aceitunas y su aceite., su vigor es alto, y su porte es abierto-llorón, con una copa de densidad media. Las hojas son de forma elíptico-lanceolada y de tamaño medio. Esta variedad entra en producción precoz y tiene una producción alta. Además, obtiene producciones regulares , florece en un momento medio y su polen es parcialmente autocompatible. Produce una cantidad elevada de polen y tiene bajo aborto ovárico.

A pesar de su pequeño tamaño (menos de 2 gramos), las aceitunas Taggiasca son apreciadas para la mesa debido a su buen sabor. Tienen forma elíptica, simétrica y carecen de pezón. La maduración de las aceitunas es tardía, y cambian al color marrón-negro cuando están maduras.

Usos

La variedad de oliva Taggiasca es utilizada tanto para producción de aceite (alto rendimiento y alta capacidad productiva), como para aceituna de mesa, donde es apreciada por su excelente sabor.

METODOLOGÍA

La investigación se desarrolló en la granja "Olive Land Farms" ubicada al norte de La Florida, perteneciente al pequeño poblado de Hastings 32145 (figura 12). Forma parte de la Región del Sur de los Estados Unidos, limita al occidente con el Golfo de México y Alabama, al norte con Alabama y Georgia, al oriente con el océano Atlántico y al sur con el estrecho de Florida.

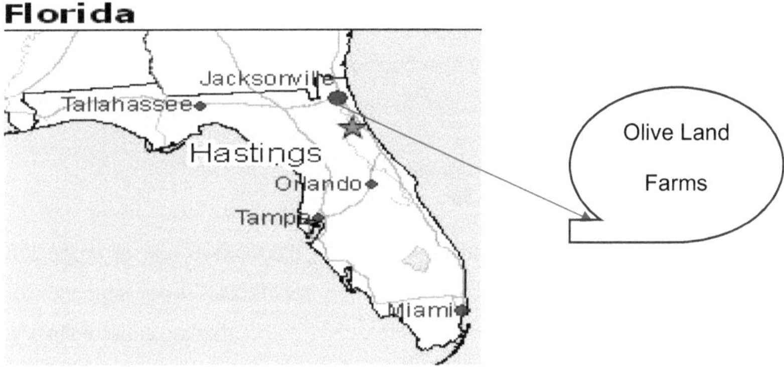

Figura 12 Localización geográfica del área de estudio

Características edafoclimáticas

La Florida morfológicamente es una vasta llanura, cubierta por suelos sedimentarios calcáreos, ubicada a pocos metros sobre el nivel del mar y caracterizada por un pobre drenaje que favorece el desarrollo de áreas pantanosas. Está provista de lagos de origen kárstico, incluido el lago Okeechobee, el segundo lago más grande de los Estados Unidos, localizado cuatro metros sobre el nivel del mar (m.s.n.m) y que tiene 4−5 m de profundidad.

El clima es tropical, con dos estaciones de la misma duración: la estación seca (de diciembre a abril) con pocas lluvias y altas temperaturas, y la estación lluviosa (de mayo a noviembre) con precipitaciones del orden de 1000−1650 mm de lluvia al año se caracteriza por frecuentes huracanes en el período comprendido entre finales de verano y principios de invierno.

Las temperaturas medias máximas del mes de julio se encuentran normalmente en los 32–34 °C. Las temperaturas medias mínimas en enero van desde los 4–7 °C en el norte de Florida hasta más 16 °C desde Miami hacia el sur. Con una temperatura diaria promedio de 21.5 °C, es el estado más cálido en los Estados Unidos.

Las precipitaciones más comunes son en forma de lluvia, en muchas ocasiones torrencial. Es un estado muy proclive a las grandes tormentas y vulnerable por los huracanes que entran desde el Mar Caribe desde junio hasta noviembre (United States National Arboretum, S.A).

El paisaje llano de Florida está cubierto por una red de más de 1.700 cursos de agua y decenas de miles de lagos (en su mayoría en la región central). Los suelos son arcillosos con tendencia a retener la humedad y el subsuelo es rico en nutrientes, lo que los hace útiles para fines agrícolas, a pesar de que pueden deteriorarse rápidamente cuando se erosionan (Terrasa, 2019).

3.1. Metodología utilizada

Para el desarrollo de la investigación se realizó un diagnóstico con el propósito de analizar el estado actual de la plantación de olivos y su afectación por las condiciones de encharcamiento del terreno, donde se analizaron comportamiento del cultivo y su adaptación a las diferentes situaciones.

Se trabajó con ocho variedades de olivo plantadas en un área total de 1,15 ha con un marco de plantación de 3 x 3 m y se tomaron datos referidos a variedad y altura de la planta. Además, se propusieron medidas que contribuyan a la mitigación de daños provocados por el encharcamiento basadas en la metodología expuesta por Savé (2016).

Se realizó un diseño completamente al azar. Se determinó la relación de la variedad con respecto al estado de la planta (saludables y con amarilleamiento o asfixia radicular) se aplicó un análisis de la tabla de contingencia y la prueba de significación estadística Chi cuadrado de Pearson, para determinar si existen diferencias estadísticamente significativas entre ambas variables. Además, se realizó un análisis de varianza de un factor para comparar la media de los grupos de la altura con respecto a la variedad, mediante la prueba Post hoc de Tukey ($p<0.05$).

El análisis estadístico de los datos fue procesado en el software SPSS ver. 23 para Windows.

RESULTADOS Y DISCUSIÓN

El diagnóstico realizado corroboró que el nivel de encharcamiento en las áreas de la granja y la falta de aireación del suelo están afectando el desarrollo del cultivo del olivo (figuras 13 y 14).

Figura 13 Área con encharcamiento

Figura 14 Plantación de Olea europeae var. Arbequina en suelos encharcados.

Durante el recorrido por el área las principales manifestaciones detectadas en las plantas fueron la presencia de hojas inferiores muertas, plantas con estancamiento o disminución del crecimiento y falta de vigor, asfixia radicular y plantas con hojas de coloración amarilla (figura 15).

Figura 15 Plantación de Olea europeae var. Arbequina con amarillamiento

Resultados similares obtuvieron Arquero y Serrano (2020) quienes corroboraron que, condiciones prolongadas de encharcamiento o de altos contenidos de humedad en el suelo pueden provocar daños por asfixia radicular (deficiente oxigenación de las raíces), y pueden llegar a producir la muerte del árbol.

Los problemas del suelo generalmente se relacionan con escasez de agua, sin embargo, un exceso de humedad puede dañar a los cultivos drásticamente. Esto suele pasar en el cultivo del olivo en temporada de lluvias, el agua se acumula en las parcelas y si el terreno no tiene un buen drenaje, se presentan condiciones de anoxia (falta de oxígeno) en el sistema radical y en cuestión de días las hojas cambian a color amarillo y su crecimiento se reduce notoriamente.

Estos resultados coinciden con lo planteado por García-Ruiz *et al.*, (2020) quienes afirman que en los últimos años han proliferado nuevas plantaciones de olivar en terrenos llanos y con un contenido de arcilla elevado, en las que aparecen daños por asfixia radicular tras períodos de fuertes lluvias. Al tener un sistema radicular menos desarrollado, la mortalidad por asfixia es más elevada en árboles jóvenes.

Asimismo, la estructura del sistema radical varía de acuerdo al tipo de propagación del material. Las plantas de semilla presentan una raíz pivotante en los primeros estadios de desarrollo (Guerrero, 2003); sin embargo, en plantaciones comerciales la mayor parte de los árboles se obtienen por enraizamiento de estacas. La profundidad, extensión lateral y grado de ramificación dependen del tipo y características del suelo, entre ellas, contenido hídrico y capacidad de aireación (Barranco *et al.,* 2008).

El exceso de humedad en el suelo, lejos de producir beneficios, puede acabar asfixiando las raíces del olivo. Estas raíces pueden ser un foco de podredumbre donde los hongos se desarrollan con facilidad.

La sensibilidad al encharcamiento del olivo depende de la variedad, aunque por norma general su tolerancia es escasa. Sin embargo, el olivo puede recuperarse rápidamente si el encharcamiento es pasajero (figura 16).

Figura 16 Plantación de Olea europeae var. Arbequina

Análisis de la influencia del encharcamiento con respecto a la variedad.

En la evaluación estadística de los resultados según el análisis de la tabla de contingencia y la prueba de significación estadística Chi cuadrado de Pearson se demostró que no existe relación entre las variedades y el estado de la planta (saludables y con amarillamiento). Por lo que se infiere que el estado de las plantas está influenciado directamente por las condiciones de encharcamiento del terreno (medio, bajo y prolongado), no obstante, se pudo constatar que el periodo de encharcamiento prolongado influye negativamente en el desarrollo de algunas de las variedades de olivo.

Las variedades que mostraron mayor afectación a las condiciones de encharcamiento fueron la Arbequina y la Arbosana.

El exceso de humedad en el suelo, lejos de producir beneficios, puede acabar asfixiando las raíces del olivo. Estas raíces pueden ser un foco de podredumbre donde los hongos se desarrollan con facilidad. La sensibilidad al encharcamiento del olivo depende de la variedad, aunque por norma general su tolerancia es escasa. Sin embargo, puede el olivo recuperarse rápidamente si el encharcamiento es pasajero.

En este sentido la resistencia a la humedad en los olivos está influenciada por varios factores, entre los que se encuentra el clima y las características genéticas de la planta. Estos factores interactúan entre sí y pueden determinar la capacidad de un olivo para sobrevivir y prosperar en condiciones de humedad. Las temperaturas extremas y el exceso de precipitaciones son desafíos importantes que se deben considerar al seleccionar las variedades.

Asimismo, los resultados cualitativos obtenidos son similares a los de Bernal Martínez (2017), que destaca que los caracteres de la variedad son muy heredables y conservados, por tanto, poco afectados por condiciones ambientales y manejo agronómico.

Estos resultados difieren de los obtenidos por Moraima y Ferreres, (2002), en un estudio con *Albizia lebbeck*, *Lysiloma latisiliquum* y *P. piscipula* durante dos meses de encharcamiento donde no se mostraron diferencias significativas en la altura de las plántulas). Un periodo en el cual se debe garantizar especialmente un buen estado hídrico es desde brotación de las yemas hasta floración, ya que es cuando tiene lugar el máximo crecimiento de los brotes, señalan el crecimiento vegetativo como uno de los parámetros más sensibles al estrés hídrico.

Tanto el nivel de hidratación en primavera como el ritmo al que se desarrolle el estrés hídrico son determinantes para el crecimiento vegetativo, desarrollo y fisiología del cultivo.

El análisis de varianza de un factor permitió comparar la media de los grupos de la altura con respecto a la variedad, con la prueba Post hoc de Tukey ($p<0.05$ (Tabla1).

Tabla 1. Análisis de varianza de un factor (variedad-altura)

Grupos	Promedio	Varianza	HSD Tukeya
V1 Arbequina	1.227	0.005	**

Grupos	*Promedio*	*Varianza*	HSD Tukey[a]
V1 Arbequina	1.227	0.005	**
V2 Arbosana	0.995	0.024	NS
V3 Ascolana	1.065	0.049	NS
V4 Kalamata	1.082	0.014	NS
V5 Koroneiki	1.029	0.017	NS
V6 Manzanilla	0.914	0.090	**
V7 Picual	1.05	0.045	NS
V8 Taggiasca	0.941	0.023	**

Los resultados demuestran que la variedad Arbequina es la que mayor diferencia significativa muestra entre todas las investigadas. Resultados similares se sustentan en Balam (2023) al afirmar que la variedad Arbequina, es reconocida por alta resistencia y productividad, es una planta que posee una excelente resistencia al frío, a la salinidad, y a enfermedades como repilo y tuberculosis.

Puede ser sensible a verticillium, y a la clorosis en terrenos muy calizos, pero en general cuenta con una rusticidad bastante interesante y unas características que les permiten su adaptación a múltiples circunstancias de suelo-clima.

Tabla 2. Resumen del Análisis de Varianza de un factor, prueba de Post hoc de Tukey ($p<0.05$)

Altura

Origen de las variaciones	Suma de cuadrados	Grados de libertad	Promedio de los cuadrados	F	Probabilidad
Entre grupos	0.6524	7	0.093	2.776	0.013
Dentro de los grupos	2.4171	72	0.034	-	-
Total	3.0695	79	-	-	-

Al analizar la variedad con respecto a la altura de la planta se pudo constatar que existe relación entre ambas variables. A partir de los valores obtenidos se puede concluir que existen diferencias entre las alturas con respecto a las variedades.

Resultados similares obtuvieron Grijalva-Contreras *et al.,* (2009) y Santos *et al;* (2024) quienes afirman que la tasa de crecimiento del olivo es bastante lenta en comparación con otros árboles. En promedio, un olivo adulto puede crecer entre 5 y 20 centímetros por año, aunque esto depende de diversos factores como las condiciones climáticas, el tipo de suelo, la disponibilidad de agua y la cantidad de sol que recibe. Son árboles cuya altura varía según diferentes factores.

En promedio, un olivo adulto puede llegar a medir entre 5 y 10 metros de altura, pero existen casos excepcionales donde se han registrado olivos con alturas de hasta 20 metros.

La altura de un olivo dependerá de diversos factores como el tipo de olivo, su edad, el clima en el que se encuentre y las técnicas de cultivo utilizadas. Por lo general, los olivos jóvenes tienen una altura menor, mientras que a medida que van creciendo pueden alcanzar su tamaño máximo.

Además de la altura total del árbol, es importante destacar que la altura de la copa del olivo también puede ser relevante en función del tipo de cultivo que se lleve a cabo. Algunos cultivos necesitan que la copa se encuentre a alturas accesibles para poder realizar la recolección del fruto, mientras que en otros casos se permite que la copa crezca más libremente.

El "olivo" es cultivado para la producción de aceite y/o aceituna de mesa, con una gran diversidad genética (Dridi *et al.,* 2018; León *et al*; 2021). Por tanto, la industria olivícola requiere cultivares de resistencia adaptación, especialmente en relación con aquellas áreas expuestas al encharcamiento como efectos de cambio climático.

4.1. Propuesta de medidas para mitigar los daños provocados por encharcamiento en los cultivos

Los eventos de desastre asociados a lluvia o a la falta de esta, indistintamente de las consideraciones que hoy en día se tienen sobre las repercusiones el cambio climático en el aumento de la intensidad y frecuencia, tienen un impacto de daños y pérdidas que no solo se explica por la cantidad de agua y las condiciones orográficas del territorio, sino también por los elementos de producción, infraestructura, personas y bienes expuestos, en una dinámica de desarrollo con múltiples factores ambientales, económicos y sociales que nos hacen vulnerables.

En este sentido, es posible mejorar la resistencia de las plantas a esta adversidad como es injertar las variedades sobre patrones más tolerantes en el caso de los frutales. Igualmente, la micorrización ha mostrado buenos resultados mejorando la retención foliar y la absorción de nutrientes en plantas anegadas. También, la aplicación de nutrientes y fitohormonas vía foliar prolonga la tolerancia de los cultivos a las condiciones de anegamiento. En general, la siembra de cultivos no tolerantes a la hipoxia de raíces cerca de ríos, cuerpos de agua y sitios bajos en los valles debe evitarse, contando más bien con un drenaje funcional o arados con subsoladores profundos en terrenos bien nivelados. Otra posibilidad es la siembra de las plantas sobre caballones o instalar zanjas profundas entre las filas de las plantas (como por ejemplo en papaya o banano) en sitios propensos a las inundaciones.

Los eventos extremos a causa del encharcamiento de terrenos van a seguir aumentando, también en sitios en los cuales antes no se esperaba por lo cual un enfoque multifacético es necesario. En general, para tratar de mejorar la adaptación de las diferentes variedades de olivo a las condiciones de encharcamiento, se proponen las siguientes medidas:

Creación de sistemas de drenaje:

Instalar sistemas de drenaje, como zanjas de drenaje, tuberías perforadas o pozos de absorción. Estos sistemas ayudarán a desviar el exceso de agua y a mantener el terreno en condiciones saludables para las plantas.

Figura 17 Sistemas de drenaje (Zanjas).

El sistema de canales de drenaje se complementará con un sistema mayor de drenes, surcos, cunetas y canales colectores que canalizan toda el agua de extensiones mayores hasta verterla a un receptor (lago). Se tendrá en cuenta la elaboración de un plano con curvas de nivel para poder determinar los flujos de entrada y evacuación del agua y la colocación más adecuada de los drenes.

La profundidad del drenaje depende de la altura del nivel freático, altura máxima esperada del agua durante la inundación, así como del tipo de cultivo.

<u>Selección de especies y variedades con mayor resistencia a las inundaciones (cultivos inundorresistentes) y mantenimiento de un buen estado fitosanitario de las plantaciones</u>.

Selección de especies, considerando las inundorresistentes y mantenimiento de un buen estado fitosanitario de las plantaciones. Estas medidas van encaminadas a disminuir la vulnerabilidad de los cultivos a los daños por inundación.

Los daños causados por la inundación son proporcionales a varios factores, siendo la especie y la duración de la inundación los más importantes. En muchas ocasiones la inundación no genera la muerte del cultivo, sino que disminuye su crecimiento y retrasa o acorta su producción. Es en estos casos cuando una adecuada gestión puede contribuir de forma eficaz a disminuir los daños.

<u>Empleo de cubiertas vegetales y mínimo laboreo</u>

Las cubiertas vegetales son prácticas de manejo para limitar la erosión del suelo causada por episodios de lluvias torrenciales, además pueden servir de reservorio de fauna útil y ayudar en la lucha de plagas en la explotación, no obstante, deben gestionarse de manera correcta para que no compitan por los recursos hídricos con el cultivo en épocas de mayores necesidades.

En el cultivo del olivar, en la última década, se ha implantado y extendido el uso de cubiertas vegetales como práctica cultural. En concreto, el incremento de la superficie de olivar con cubierta vegetal en dicho período fue de 2 93 158 ha (ESYRCE 2007 y 2017), un 11 % del total del olivar.

A diferencia de otras prácticas culturales, el empleo de cubiertas vegetales en olivar se asocia a una multitud de efectos ambientales positivos, como la reducción de la erosión de suelo, el incremento de la biodiversidad, el aumento de materia orgánica en el suelo, la disminución de la emisión neta de gases con efecto invernadero y una mejora de la calidad estética del paisaje

Creación de zonas de inundación temporal controlada

Una de las medidas que se pueden aplicar para minimizar los daños que producen las inundaciones es la creación de zonas de inundación temporal controlada. Estas zonas de inundación temporal controlada resultan muy útiles en aquellos casos en los que el sistema de diques de protección frente a inundaciones es rebasado por las avenidas, momento en el cual, estas motas o diques rebasados llegan a ser contraproducentes.

Control de enfermedades

La incidencia y severidad de la mayoría de las enfermedades que afecta al olivar se ven favorecidas en condiciones de elevada humedad y altas temperaturas. Por ello, después de períodos prolongados de lluvias es de esperar una alta incidencia de enfermedades, tanto del suelo como de la parte aérea de la planta.

Enfermedades del suelo:

Verticilosis (*Verticillium dahliae*).

La Verticilosis actualmente es considerada la enfermedad más grave que afecta el olivar, debido a los importantes daños que ocasiona y, sobre todo, a su difícil control y rápida expansión. Se distinguen dos tipos de síndromes distintos uno provoca una seca rápida de brotes y ramas que puede ocasionar la muerte del árbol; el otro el decaimiento lento, que se caracteriza por la necrosis y momificado de las inflorescencias que permanecen adheridas a los brotes.

Podredumbre radicular (*Phytophthora spp, Fusarium spp., Armillaria spp., Phythium spp.*)

No existen métodos de control específicos eficaces. La presencia de estos hongos está asociada a altos contenidos de humedad en e suelo, por lo que son aconsejables las mismas medidas que para evitar la asfixia radicular.

Enfermedades de la parte aérea:

Repilo (*Spilocaea oleagina*)

Este hongo produce lesiones en el haz de la hoja y el fruto llegando a provocar su caída. Cuando afecta al fruto, se arruga y deforma al detenerse el crecimiento de la zona afectada. Con la aplicación foliar de fungicidas cúpricos, en un momento y cantidad adecuada, se puede lograr un control eficaz.

Tuberculosis (*Pseudomonas savastanoi pv. Savastanoi*)

Esta bacteria puede provocar la muerte de ramas y brotes, así como un debilitamiento progresivo del árbol, aunque la planta es muy difícil que muera. Se produce una pérdida de cosecha al disminuir la cantidad de frutos y su tamaño. Las aceitunas que provienen de ramas afectadas tienen un olor desagradable y un sabor agrio, amargo y rancio, dando aceites con condiciones organolépticas de menor calidad.

La lucha contra esta enfermedad debe ser esencialmente preventiva, utilizando variedades poco sensibles, limitando las heridas y reduciendo las poblaciones epífitas de la bacteria. En cualquier caso, se recomienda tratar si se produce una granizada u otro tipo de accidente que provoque heridas en la planta, con productos que tengan una acción bactericida.

CONCLUSIONES

El cultivo del olivo en la granja "Olive Land Farms" ha sufrido afectaciones provocadas por el encharcamiento al que está sometido, demostrando diferencias significativas en relación con la altura de las plantas.

Se proponen medidas como la creación de sistemas de drenaje, ejecución de labores culturales adecuadas, selección de especies y variedades con mayor resistencia a las inundaciones, así como, la creación de zonas de inundación temporal controlada y el control de enfermedades para mitigar los daños provocados por el encharcamiento al cultivo del olivo.

REFERENCIAS BIBLIOGRÁFICAS

- Antol, MN (2004). The Sophisticated Olive: The Complete Guide to Olive Cuisine. Garden City Park, NY: Square One Publishers. pp.37. ISBN 978-0-7570-0024-9. (requiere registro). «Kalamata olive.»
- Aparicio, A, C., & Cordovilla, D. (2023). El olivo (Olea europaea L.) y el estrés salino. Importancia de los reguladores del crecimiento. Universidad de Jaén. Facultad de Ciencias Experimentales.
- Arquero, O; Serrano, N (2020). Recomendaciones para olivar con problemas por inundación. Disponible en: https://www.juntadeandalucia.es/agriculturaypesca/ifapa/servifapa/registro-servifapa/b174a396-bbd7-4daf-942f-e15eaefa34ae
- Balam, A, (2023). Características de los Olivos Arbequinas. Recuperado de https://balam.es/
- Barranco, Navero D; Fernández, Escobar R; Rallo, Romero L. 2017. El cultivo del olivo 7ª ed. Editorial Mundi-Prensa.
- Barranco, Navero D. (2008). Variedades y patrones. In: Barranco, D.; Fernández-Escobar, R.; Rallo, L. eds. El cultivo del olivo. 6a. ed. Madrid, Mundi-Prensa. pp. 84-86.
- Bernal Martínez, J. 2017. Caracterización morfológica y molecular de variedades italianas de olivo (Olea europaea L.) instaladas en el jardín de introducción de INIA Las Brujas. Tesis de Doctorado. Facultad de Agronomía, Universidad de la Republica. Montevideo – Uruguay.
- Camacho Alonso, G. (2019). Efectos fisiológicos (Ensayo en Carpio del Tajo-Toledo) y espectrales (Ensayo en Chozas de Canales-Toledo) de diferentes dosis de riego deficitario en olivar superintensivo (Arbequina). Universidad Politécnica de Madrid Escuela Técnica Superior de Ingeniería Agronómica Alimentaria y de Biosistemas. Universidad Politécnica de Madrid. Disponible en: https://oa.upm.es/56916/1/TFG_GEMA_MARIA_CAMACHO_ALONSO.pdf
- Corral, M (2020). «Aceite de oliva virgen extra: propiedades y beneficios de nuestro 'oro líquido' Editorial. El Español.com
- Díaz, C.; Moral, J.; Barranco, D.; Rallo, L. 2016. Genetic diversity and conservation of olive genetic resources. In: Ahuja, M. R.; Mohan Jain, S. eds. Genetic diversity

and erosion in plants, sustainable development and biodiversity. s.l., Springer. pp. 337-356.

- Doménech, 2020. Estrategias de adaptación del olivar de la comarca de los serranos (valencia) frente al cambio climático. Universitat Politècnica de València. Escola técnica superior d'enginyeria agronòmica i del medi natural. Máster en economía agroalimentaria y del medio ambiente.
- Dridi, J.; M. Fendri; C. M. Breton & M. Msallem. 2018. Characterization of olive progenies derived from a Tunisian breeding program by morphological traits and SSR markers. Scientia Horticulturae, 236, 127- 136
- Referencias ESYRCE (2007): Encuesta Sobre Superficie y Rendimientos de cultivos. Ministerio de Medio Ambiente Medio Rural y Marino. https://www.mapama.gob.es/es/estadistica/temas/estadisticasagrarias/boletin2007_tcm30-122323.pd
- ESYRCE (2017): Encuesta Sobre Superficie y Rendimientos de cultivos. Ministerio de Agricultura Pesca y Alimentación https://www.mapama.gob.es/es/estadistica/temas/estadisticasagrarias/boletin2017sm_tcm30-455983.pdf.
- Fischer, Gerhard. (2021). El aumento de las inundaciones generado por el cambio climático afectará nuestros cultivos. Revista Facultad Nacional de Agronomía Medellín, 74(3), 9619-9620. Epub September 26, 2021. Retrieved May 02, 2024. From. Disponible en : http://www.scielo.org.co/scielo.php?script=sci_arttext&pid=S0304-28472021000309619&lng=en&tlng=es.
- García Ruiz, R Torrús C y Calero G (2020). El olivar y su adaptación al cambio climático. Disponible en: file:///H:/Grandes-cultivos/Articulos/302564-El-olivar-y-su-adaptacion-al-cambio-climatico.html
- Granitto , Ylenia (2016). La producción sostenible de aceite de oliva ayuda a mitigar el cambio climático. Disponible en: La producción sostenible de aceite de oliva ayuda a mitigar el cambio climático - Olive Oil Times
- Grijalva-Contreras, R.L., MacíasDuarte, R., López-Carvajal, A., & Robles Contreras, F. (2009). Productividad de cultivares de olivo para aceite (olea europea l.) bajo condiciones desérticas en sonora. Biotecnia, 11(2), https://doi.org/10.18633/bt.v11i2.60.

- Guerrero García, A. 2003. Implantación del olivar. Nueva olivicultura. 5a . ed. rev. y ampl. Madrid, Mundi-Prensa. 304 p.
- León, L.; D. Casanova; J. Palma & J. González. 2021. Caracterización agromorfológica de plantas madre del banco de germoplasma de "olivo "Olea europaea (Oleaceae) en la región Tacna. Arnaldoa 28(3): 593-612 doi: http://doi.org/10.22497/arnaldoa.283.28307
- Lifeder (2023). *Olivo.* Recuperado de: https://www.lifeder.com/olivo-olea-europaea/.
- Lorite IJ, Gabaldón-Leal C, Santos C, Cruz-Blanco M, León L, Porras R, Belaj A, de la Rosa R. 2019. Impacto del cambio climático sobre la agricultura andaluza: Olivar. Instituto de Investigación y Formación Agraria y Pesquera. Consejería de Agricultura, Pesca y Desarrollo Rural. Junta de Andalucía.
- Penco, JM, 2019. Olivar y Cambio Climático: Impacto del Cultivo del Olivo sobre el Cambio Climático. Efecto del Cambio Climático sobre la estabilidad del mercado del aceite de oliva en España. Jornada Olivar y Cambio Climático. Beja Portugal.
- Rossi, L. (2023). Estudio de las aceitunas de la Florida para la producción comercial a pequeña escala. Rev. Oleoteca. Disponible en :https://www.oleorevista.com/texto-diario/mostrar/4202881/uf-ifas-prueba-aceitunas-florida-determinar-posible-industria-comercial
- Salgado, C A ; Avilés C D;. Martín, A D; Otero Cabeza D; Prieto, LI; González,OJ; Soler, G V(2019). Guías de adaptación al riesgo de inundación: explotaciones agrícolas y ganaderas. Ministerio para la Transición Ecológica Secretaría General Técnica Centro de Publicaciones. Catálogo de Publicaciones de la Administración General del Estado: http//publicacionesoficiales.boe.es NIPO: 638-18-028-4. Disponible en: file:///D:/Olivos/guia-adaptacion-al-riesgo-inundacion-explotaciones-agricolas-ganaderas_tcm30-503727.pdf
- Santos E, Orestes., Valdés Reinoso, R. H., & Castillo Edua, B. R. (2024). Cultivo de Olivo en la Florida, una alternativa para la adaptación al cambio climático. Avances, 26(1), 72-90. http://avances.pinar.cu/index.php/publicaciones/article/view/805
- Savé, R. (2016). Medidas para la adaptación al cambio climático en el olivar. Olivar y cambio climático. Jornada Olivar y Cambio Climático. Ministerio de Agricultura Pesca y Alimentación.

- Oleas G, (2023). Cuanto tarda en crecer un olivo en el mediterráneo, Diponible en https://www.ginartoleas.com
- Tapia C, F; Ibacache, F; Astorga, M. (2002). Manual del cultivo del olivo. Requerimientos de Clima y Suelo. Disponible en: file://C:/Users/Desktop/Olivos/NR30540.pdf
- Terrasa, D. (2019). Florida: geografía física. La Guía, Geografía. Disponible en: https://geografia.laguia2000.com/geografia-regional/florida-geografia-fisica.
- United States National Arboretum. *Florida Hardiness Zones*. St Johns River Water Management District. Consultado el 11 de marzo de 2023.

Printed by Books on Demand GmbH, Norderstedt / Germany